BEI GRIN MACHT SICH IHR WISSEN BEZAHLT

AF152030

- Wir veröffentlichen Ihre Hausarbeit,
  Bachelor- und Masterarbeit

- Ihr eigenes eBook und Buch -
  weltweit in allen wichtigen Shops

- Verdienen Sie an jedem Verkauf

Jetzt bei www.GRIN.com hochladen
und kostenlos publizieren

GRIN

Karina Kliemank

Alkane- Verbrennung und Treibhauseffekt

Ausführliche Unterrichtsplanung von 3 Unterrichtsstunden inkl SE

GRIN Verlag

Bibliografische Information der Deutschen Nationalbibliothek:

Die Deutsche Bibliothek verzeichnet diese Publikation in der Deutschen National-
bibliografie; detaillierte bibliografische Daten sind im Internet über http://dnb.d-
nb.de/ abrufbar.

Impressum:

Copyright © 2011 GRIN Verlag GmbH
Druck und Bindung: Books on Demand GmbH, Norderstedt Germany
ISBN: 978-3-656-48102-7

Dieses Buch bei GRIN:

http://www.grin.com/de/e-book/231592/alkane-verbrennung-und-treibhauseffekt

Technische Universität Dresden

Fakultät Mathematik und Naturwissenschaften

SPÜ Beleg:

Unterrichtsentwürfe

Karina Kliemank

Lehrveranstaltung:	SPÜ : Schulpraktische Übungen Fach Chemie
Studiengang und Studiensemester:	Lehramt Bachelor Allgemeinbildende Schulen, Mathematik und Chemie, 6. Semester
Abgabetermin:	09.05.2011

Inhaltsverzeichnis

1 Bedingungsanalyse

1.1 *Praktikumsschule*

Die schulpraktische Übung des Faches Chemie fand in der 9. Mittelschule am Elbepark statt. Das Motto der Schule lautet „Praxisnah und weltverbunden". Dies versucht die Schule auch über ein Ganztagsangebot umzusetzen, bei dem für viele Schüler etwas dabei ist. Desweiteren sind 3 Sozialarbeiter an der Schule beschäftigt, die nicht nur für Schüler, sondern auch für Lehrer und Eltern da sind. Während der Schulpraktischen Übung ist aufgefallen, dass die Schule mit einem strikten Reglement geführt wird. Disziplin und Ordnung sollen so vermittelt werden. Erfolgreich ist dieses Vorgehen vor allem, da es einheitlich von allen Lehrern durchgeführt wird. Es zeigen sich somit keine Lücken für die Schüler. Ansonsten sind 25 Lehrer an der Schule tätig, die 5 Jahrgänge umfasst und mit einer durchschnittlichen Schülerzahl von 300 - 350 Schülern in 10 - 13 Klassen pro Schuljahr läuft.

1.2 *Klassenanalyse*

Bei der Klasse, in der die schulpraktische Übung stattfand, handelte es sich um eine 9., welche mit 25 Schülern eine normale Klassenstärke hatte. Das Verhältnis von Jungen und Mädchen war relativ ausgewogen. Das Leistungsspektrum war sehr groß. Es reichte von sehr guten Leistungen bis ungenügend. Besonderes Augenmerk musste man hier auf Philip S. legen, der immer solide Leistungen brachte, sich an Gelerntes erinnerte und mitdachte sowie Budsadi, welche zum Halbjahr erst vom Gymnasium herwechselte und somit einiges an Wissensvorlauf mitbrachte. Sie wollte gern alles sehr genau machen und stellte oft zusätzliche Fragen. Ansonsten gab es einige Problem-Schüler. So wurde von der Fachlehrerin darauf hingewiesen, Maxi nicht anzusprechen, da sie wohl keine vollständigen Sätze sagen würde. Besondere Beachtung ging auch an Tom. Die Fachlehrerin charakterisierte ihn als „Sechser-Schüler" - in allen Fächern mit einer „Null-Bock-Einstellung". Ich muss sagen, dass ich speziell in meinen Unterrichtsstunden dem nicht zustimmen kann. Er hat an allen Unterrichtsschritten teilgenommen und gerade in den praktischen Teilen sehr schnell und zügig gearbeitet. Prinzipiell fiel auf, dass es absolut notwendig war, einfache und klare Arbeitsanweisungen zu stellen, wenn man die gesamte Klasse damit ansprechen wollte.

1.3 *Sonstiges*

Allgemein gilt noch zu sagen, dass für die Durchführung der schulpraktischen Übung ein vollständig ausgestattetes Chemiezimmer zur Verfügung stand. Es gab einen freistehenden Abzug mit durchsichtiger Schutzwand, außerdem eine Schutzschiebe, die vor den Lehrertisch geschoben werden konnte. Somit war – die Sicherheit der Schüler betreffend - jegliche Art von Lehrerexperiment durchführbar. Desweiteren fanden sich im Vorbereitungszimmer, was direkten Zugang zum Klassenraum hatte, genügend Arbeitsmaterialen, um bei dieser Klassengröße Schülerexperimente in Zweiergruppen durchzuführen. Die Schüler selbst saßen meist zu dritt oder viert auf einer Doppeltischreihe, so dass sich beim Experimentieren die Möglichkeit bot, die Gruppen so zu versetzen, dass jeder genügend Platz zum Arbeiten hatte.

Am Ende des Raumes befand sich eine große Schrankwand, in der verschiedene Arbeitsbücher lagerten. Es waren zum Teil alte Schulbücher, die nicht mehr im Unterricht eingesetzt wurden. Sie eigneten sich aber teilweise besser zum Be- und Erarbeiten von Themen und der Klassensatz konnte einfach ausgegeben werden. Dies sparte enorme Kopierkosten und -zeit. Es standen zwei große Schiebetafeln zur Verfügung und ein Overhead-Projektor.

2 Didaktische Analyse

2.1 *Grobe Sachlogische Strukturierung & Stoffverteilungsplan*

Der erste Stoffverteilungsplan, den wir auf Grund einer groben sachlogischen Strukturierung des Lernbereiches vorgenommen hatten, wurde von der Fachlehrerin weitestgehend so übernommen. Sie teilte uns in der ersten Besprechung mit, dass sie das Thema der Volumenberechnung bereits behandelt hatte und dass wir für einige Themen mehr Zeit bräuchten, als wir sie vorab geplant hatten. Die durch den Wegfall der Volumenberechnung entstandenen Stunden wurden somit direkt wieder genutzt. Der nun modifizierte Stoffverteilungsplan wurde weitestgehend eingehalten. Teilweise kam es zu minimalen Verlagerungen von einem kleinen Teilstück einer Unterrichtseinheit in die nächste. Trotzdem muss man sagen, dass der erste Entwurf im Wesentlichen mit der letztendlichen Umsetzung in der Realität übereinstimmt.

2.1.1 Grobe Sachlogische Strukturierung „Chemische Verbindungen als Rohstoffe und Energieträger" Lernbereich 2, Klasse 9, Mittelschule

Eigenschaften

- C_1-C_5 ≙ gasförmig
- C_5-C_{16} ≙ flüssig
- $> C_{16}$ ≙ fest
- brennbar
- nicht leitfähig
- unlöslich in Wasser (hydrophob)
- farblos
- löslich in unpolare Lm + Fette (lipophil)
- Siedetemperatur steigt mit zunehmender C-Anzahl
- Viskosität steigt mit zunehmender C-Anzahl
- Reaktionsträge (Substitution, Addition, Eliminierung, Oxidation = mgle. Reaktionen)
- Nomenklaturregeln (Stamm eines Zahlwortes und Endsilbe)

Vorkommen

- Im Erdöl/Erdgas / Produkte der Erdölraffination
- In Pflanzenhormonen/in Tieren
- Als Grubengas, als Einschlüsse in Steinkohleflözen, in Darmgasen von Wiederkäuern & Sumpfgas (v.a. Methan)

Herstellung/Darstellung

- Erdölraffination (Erdölverarbeitung) z.B. Rohöldestillation,

Struktur

- kettenförmig
- ungesättigt (Alkane - Einfachbindung) & gesättigt (Alkene, Alkine – Doppel- bzw. Dreifachbindung)
- unverzweigt / verzweigt (Isomerie)
- Atombindung zwischen C-C sowie C-H
- Van-der-Waals-Kräfte zwischen den Molekülen
- homologe Reihe (C_nH_{2n})
- Struktur eines Tetraeders (Darstellung Kugel-Stab-Modell Kalottenmodell)
- Zusammensetzung und räumlicher Aufbau durch Summen- und Strukturformel (einfach&ausführlich) veranschaulicht

z.B. C_4H_{10} z.B. H-C-C-H (H H / H H)

Verwendung

- Energieerzeugung (Erdöl/Erdgas) → Heiz- und Kraftstoff z.B. in Haushalte, Industrie, Autoindustrie, Stadtgas
- Rohstoffe für chem. Industrie z.B. als AS für Kunststoffsynthese, Hrstlg. Methanol, Ruß (Kautschukindustrie), Petrochemie, Lacke, Waschmittel

Wirkung

- Erdöl/Erdgas wertvoll =
- gesund. Aspekt: Einsatz in Medizin
- aber auch Umweltverschmutzung (z.B. Tankerunfälle)
- Treibhauseffekt

Umgang

- Erdöl = bedeutender fossiler Rohstoff → Sparsamkeit/Umwelt bewusstsein

Identifikation

- Nachweis von Kohlenstoff C, Wasser H_2O und CO_2

Entsorgung

- Verbrennen, Cracken
- Organischer Sammelbehälter

Cracken, Petrochemie

- Alkane: Hydrierung Alkene
- Alkene aus Eliminierung
- Alkine: Calciumcarbid und Wasser (Ethin); Carbid-Verfahren

- Lösungsmittel, Hrstlg Lösungsm./Klebstoffe
- Höhere Alkane = Schmieöle, Schmierfette, Kerzenwachs
- Pharmazeutische Industrie
- in der Lebensmittelindustrie z.B. zum Nachreifen von Obst (Ethen)

2.1.2 Vorläufiger Stoffverteilungsplan

Thema	Inhalt	Aspekt	Zeit	Referent
Erdöl/-gas als Rohstoffe und Energieträger + fraktionierte Destillation als LDE (?)	Verwendung → Eigenschaften Energieträger (Kraftstoff, Heizöl/-gas) → Brennbarkeit Öl als Schmiermittel → Viskosität Kunststoffe → Molekülstabilität Feuerzeug → Brennbarkeit usw. Bedeutung als begrenzt verfügbare Ressourcen → Umweltbewusstsein, Sparsamkeit (Öl, Kohle, Gas) Begriff: Kohlenwasserstoffe können also sein: gasförmig, flüssig, fest	Materialaspekt Substanzaspekt	2h	Tilo(2h)
Ausgewählte Kohlenwasserstoffe	Verwendung → Eigenschaften → Struktur Methan → Feuerzeug Kettenlänge Propan/Butan → Gasbrenner Schmieröl → Motoröl Kunststoff → Plastikbecher → Gemeinsamkeit: alle brennen, alle Kohlenwasserstoffe → Warum aber unterschiedliche Aggregatzustände? → Kettenlänge → Systematisierung → homologe Reihe	Materialaspekt Substanzaspekt	1h	Tilo(1h)
Bau der Kohlenwasserstoffe	Struktur Strukturformel, Summenformel Bindungsverhältnisse (C-H & C-C) Einfach-, Zweifach-, Dreifachbindung	Substanzaspekt	3h	Caroline(1h) Marcel(2h)
Reaktion (Verbrennung) und die damit verbundene Wirkung auf die Umwelt (Treibhauseffekt)	Struktur → Reaktionsverhalten → Umwelt Verbrennungsreaktion vollständige & unvollständige Verbrennung (CO_2 & CO) → Treibhauseffekt, Umwelt, Katalysatoren (Auto)	Substanzaspekt Materialaspekt	2h	Karina(2h)
Schülerexperiment zur vollständigen Verbrennung mit CO_2-Nachweis	Nachweis Verbrennung von ausgewähltem Kohlenwasserstoff und Nachweis des entstehenden CO_2 mit Bariumhydroxid → Schülerexperiment	Materialaspekt	1h	Caroline(1h)
Berechnung des Volumens von Stoffen bei der Verbrennung von Kohlenwasserstoffen	Umwelt → Quantität Berechnung entstehender Volumina (insbesondere CO_2) Einführung des molaren Volumens als Bezugsgröße			Caroline(1h) Karina(1h)
Wiederholung	Wiederholung/Festigung des Themengebietes		1h	
Klassenarbeit	Kontrolle des Wissens über das Themengebiet		1h	Marcel(1h)

2.1.3 Umgesetzter Stoffverteilungsplan

Tag	Stunde	Thema	Lehrer
07.02	2	Hospitation	Fachlehrerin
28.02	2	Erdöl/Erdgas – Rohstoff und Energieträger	Tilo
07.03	1	Fraktionierte Destillation	Tilo
	1	Methan	Caroline
14.03	2	Alkane & Ethen	Caroline
21.03	2	Ethin, SE Ethin	Marcel
28.03	2	Verbrennung, Treibhauseffekt	Karina
04.04	1	SE Verbrennung	Karina
	1	Übung zur Klassenarbeit	Marcel
11.04	1	Klassenarbeit	alle
	1	Abschied, Showexperimente	alle

2.2 Detaillierte SLS

Vorab gilt zu sagen, dass es sich in meinem Fall nicht um drei einzelne losgelöste Unterrichtsstunden handelte, sondern viel mehr um einen Block von drei aufeinanderfolgenden Unterrichtseinheiten. Die ersten beiden wurden als Doppelstunde abgehalten. Ich werde für diese Doppelstunde auch immer als „Gesamt" schreiben, da es keinen Sinn ergibt, diese Stunden auseinanderzunehmen. Das Thema des Lernbereichs 2 hieß „Chemische Verbindungen als Rohstoff und Energieträger". Meine ersten beiden Unterrichtsstunden beschäftigten sich mit der vollständigen und unvollständigen Verbrennung von Kohlenwasserstoffen und dem natürlichen sowie künstlichen Treibhauseffekt, der damit zum Teil in engem Zusammenhang steht. Die dritte Stunde war dann als Schülerexperiment zur vollständigen Verbrennung von Kerzenwachs angelegt.

1) sachlogische Strukturierung

Eigenschaften	*Struktur*	*Wirkung*
- brennbar	- kettenförmig	-Treibhauseffekt
Vorkommen	- ungesättigt (Alkane - Einfachbindung) & gesättigt (Alkene, Alkine – Doppel- bzw. Dreifachbindung)	*Umgang*
- In Pflanzenhormone/in Tieren		• Erdöl = bedeutender fossiler Rohstoff → Sparsamkeit/Umweltbe wusstsein
- in Darmgasen von Wiederkäuern & Sumpfgas (v.a. Methan)	- homologe Reihe (C_nH_{2n}) *Verwendung*	*Identifikation*
	- Energieerzeugung (Erdöl/Erdgas) → Heiz- und Kraftstoff z.b. in Haushalte, Industrie, Autoindustrie, Stadtgas	• Nachweis von CO_2 *Entsorgung* - Verbrennen

2) mögliche Erkenntnisweg

Man könnte induktiv vorgehen, in dem man auf die Stunde davor zurückgreift, in der unter anderem die Verbrennung von Ethin gezeigt wird. An diesem die Verbrennung dann genauer untersuchen und auf andere Beispiele übertragen.

Da aber bereits in den vorangegangen Stunden immer wieder erwähnt wurde, das Alkane brennen, bietet sich eine deduktive Vorgehensweise an. Diese untersucht die Verbrennung dann noch einmal konkret an einem Beispiel, was vorher noch nicht behandelt wurde (wie Heptan oder Hexen)!.

Zum Thema Treibhauseffekt bietet sich eine offenere Unterrichtsführung an. Die Schüler können mit ihrer eigenen Arbeitsweise durch bereitgestelltes Material die Thematik erschließen.

3) Zielpotenzen

Im ersten Teil der Stunde geht es vor allem um die Wissenserweiterung und Klärung von Phänomenen, die im Laufe der Unterrichtsreihe aufgetreten sind, aber noch nicht begründbar waren, so die unterschiedliche Verbrennung von Stoffen trotz gleicher Teilchenbestandteile (einmal mit, einmal ohne Ruß). Ziel ist hierbei, die Verknüpfung von Struktur und Eigenschaften der Stoffe für die Schüler weiter zu verdeutlichen. Ein mögliches Ziel könnte sein, dass sie am Ende in der Lage wären, anhand von vorgegeben Strukturmerkmalen das Brennverhalten der Stoffe vorherzusagen.

Der zweite Teil der Stunde dient zu einer Erweiterung des Umweltbewusstseins. Den Schülern soll klargemacht werden, dass der Treibhauseffekt zwar notwendig ist, aber dass wir durch den erhöhten Ausstoß von Treibhausgasen durch uns Menschen unsere Erde selbst mehr zerstören. Der Bogen zum Anfangsthema Erdöl und Erdgas wird geschlossen und den Schülern werden alternative Energiequellen angeboten. Diese sollten sie nennen können und ebenfalls über Ursachen und Folgen Bescheid wissen. Ebenso sollten sie Auskunft geben können, was gegen den künstlichen Treibhauseffekt getan werden kann.

2.2.2   3. Stunde
1) sachlogische Strukturierung

Eigenschaften	*Struktur*	*Identifikation*
- brennbar	- kettenförmig	• Nachweis von CO_2
	- homologe Reihe (C_nH_{2n})	*Entsorgung*
		- Verbrennen

Die Stunde beinhaltet Auszüge der Sachlogischen Strukturierung aus den beiden vorrangegangenen Stunden. Es handelt sich hierbei nicht um neues Wissen, welches die Schüler erlangen sollen, sondern um eine Kontrolle des bereits Gelernten. Es sollten möglichst zwei verschiedene Kohlenwasserstoffe in dieser Stunde betrachtet werden. Dabei wird noch einmal verdeutlicht, dass die Verbrennung immer gleich abläuft, da die Kohlenwasserstoffe aus demselben Teilchen, nur in unterschiedlicher Anzahl aufgebaut sind. Desweitern soll noch einmal die praktische Durchführung des Kohlenstoffdioxidnachweises im Vordergrund stehen.

2) mögliche Erkenntniswege

In dieser Stunde gibt es meiner Ansicht nach keine Erkenntniswege, da keine Erkenntnis mehr erlangt werden soll, sondern die bereits gewonnene überprüft. Ansonsten kann man die

Schüler zu einem progressiv-reduktiven Vorgehen zwingen, in dem sie sich zuerst überlegen müssen, was passieren müsste und diese Prognose dann untersuchen. Aber es ist auch nicht auszuschließen, dass Schüler regressiv-reduktiv arbeiten, in dem sie zuerst das Experiment durchführen, um in Anschluss zu erklären, warum die Beobachtungen eingetreten sind.

3) Zielpotenzen

Potenzielle Ziele für die Stunde liegen in der Festigung von fachbezogenen Fertigkeiten. Die Schüler sollen beim Arbeiten mit Chemikalien sicher werden. Desweitern dient die Stunde einer Vertiefung durch praktisches Anwenden des Wissens und einer Art Kontrollfunktion, da das Gelernte von der vorherigen Woche angewendet werden muss, um alle Aufgaben zu bewältigen.

3 Planungsentwürfe für Unterrichtsstunde

3.1 *1. Stunde & 2. Stunde*

3.1.1 *Feinziele*
- Den Schülern sind in der Lage, Alternativen zu Energieträgern zu benennen.
- Die Schüler unterschieden vollständige und unvollständige Oxidation anhand der Rußentwicklung und stellen die jeweilige Reaktionsgleichung auf. Sie kennen darüberhinaus den Nachweis für das entstandene CO_2.
- Die Schüler erklären den Treibhauseffekt, indem sie ihr Wissen über Ursache und Folgen anwenden.

3.1.2 *Verlaufsplan: vollständige und unvollständige Verbrennung, Treibhauseffekt*

Zeit	Phase	L-S-Interaktion	Medien	Methode
8:00	Einstieg	* L. stellt sich vor		UG
8:01	Kontrolle	*LK, 3 Schüler, freiwillige Meldungen bevorzugen *Wiederholt dies bitte weiter und damit wir es nicht vergessen. Schlagt eure Hausaufgabenhefte auf. In 2 Wochen, am 11.04 schreiben wir eine Klassenarbeit über die organische Chemie.	LK	UG
8:11		* HA vergleich (2 Schüler werden aufgerufen, um Ergebnisse vorzustellen) *Aufforderung, das in den Hefter zu kleben, mit Überschrift „Hausaufgabe" *Lösungsfolie zum Vergleich auflegen	Folie	UG
8:15	Einstieg	*Wir haben gerade die Alkane wiederholt, in den vergangenen Stunden habt ihr auch über Ethen und Ethin gesprochen. Welche Eigenschaft haben Ethan, Ethen und Ethin gemeinsam? *Sind brennbar, gasförmig.*	Tafel	UG
8:17	Zielorientierung	*Und um genau diese Verbrennungsreaktion der Kohlenwasserstoffe soll es im ersten Teil der Stunde gehen.		
8:18	Erarbeitung I	* Wenn ihr euch an die erste Stunde nach den Ferien zurück erinnert, dann hat Herr Schmidt eine Plasteflasche verbrannt. Ihr könnt euch vielleicht noch an die Beobachtungen erinnern. Ich zeig euch das Ganze nochmal, indem ich ein Plastelineal anzünde und im Vergleich dazu einfach ein normales Feuerzeug brennen lasse. Nennt mir eure Beobachtung. *Plastelineal brennt zügig, rußend ab, Feuerzeug brennt ohne Ruß* *In der Chemie werden Reaktionen über Gleichungen beschrieben. Wie können wir		UG
	Motivation	nun beschreiben das es einmal rußt und einmal nicht? *Momentan klappt das noch nicht, aber am Ende der ersten Stunde sollten wir darauf eine Antwort finden. *Ihr wisst bereits dass die Plasteflasche oder Lineale hauptsächlich aus Kohlenstoff und Wasserstoff aufgebaut sind. Welche Produkte müssen bei der Verbrennung entstehen? *CO_2, H_2O*		LV

| 8:28 | Sicherung I | *Genau. Dies habt ihr bereits in der ersten Stunde herausgefunden, als ihr den Kreislauf erarbeitet habt. Bevor wir uns die Verbrennung noch einmal im Detail anschauen habe ich eine Frage. Wie kann ich überhaupt überprüfen ob wirklich CO_2 entsteht? $Ca(OH)_2$ – *Nachweis, weißer Niederschlag*
 *Kennt jemand einen solchen Nachweis auch für Wasser? *Nein*
 *Wir beschränken uns hier mit dem Hinweis auf Wasser durch die sich anlagernden Wassertropfen.
 LDS: Verbrennung von Heptan, Nachweis von CO_2, Hinweis auf H_2O

 *Die von euch erwarteten Beobachtungen sind eingetreten. Schlagen wir nun den Hefter auf und notieren wir uns die Überschrift: 5.7. Verbrennung von Kohlenwasserstoffen <br> a) vollständige Verbrennung
 *Wenn wir von einer Verbrennung sprechen, dann meinen wir meist die vollständige Verbrennung. Kann sich jemand vorstellen, was darunter zu verstehen ist?
 * Vollständig würde man allgemein mit etwas verwenden, was komplett ist. In der Chemie heißt das, dass genug Sauerstoff vorhanden ist, dass nur CO_2 entsteht. Dass heißt, was ist in unserem Fall genau passiert? Zuerst brauchen wir noch den Reaktionspartner von Heptan bei der Verbrennung. Welcher Stoff ist immer Ausgangsstoff bei einer Verbrennung? *Mit Sauerstoff*
 Evtl. Hinweis: Wann brennt etwas gut, wann eher schlecht?
 -> Tafelanschrift
 *Jetzt schreiben wir die Formeln darunter. Nennt mir die Summenformel von Heptan.
 C_7H_{16}
 -> Tafelanschrift
 *Jetzt haben wir die Ausgangsstoffe, die Reaktionsprodukte haben wir auch schon genannt, nun muss die Gleichung nur noch ausgeglichen werden.
 Wir merken uns bei einer vollständigen Verbrennung entsteht immer CO_2, da der Kohlenstoff <br> vollständig oxidiert wird und man eine Verbrennung auch Oxidation nennt.
 *Nun stellen wir noch die Reaktionsgleichung für den CO_2 Nachweis auf. ->Tafelanschrift
 Stellt nun bitte noch die Gleichung für die vollständige Verbrennung von Methan und Ethan auf. | Brenner, Tiegel, Erlenmeyerkolben,

 C_7H_{16}, $Ca(OH)_2$ Tafel | UG

 EA
 UG |

13

8:40	Erarbeitung II	->Tafelanschrift, 1-2Schüler Gleichung an Tafel anschreiben lassen *Wenn wir die drei Reaktionen miteinander vergleichen, dann fällt auf, dass für die Verbrennung von Hexan deutlich mehr Sauerstoff benötigt wird als für Methan. Die Verbrennung läuft aber auch bei anderen Reaktionsbedingungen ab, z.B. wenn nicht genug Sauerstoff für die vollständige Verbrennung vorhanden ist. Dann spricht man von der unvollständigen. Dazu erinnert euch bitte an die letzte Stunde als Herr Winkler Ethin verbrannt hat. Was hat besonders die erste Reihe beobachten können? *Schwarze Flocken, Ruß* *Genau und aus was besteht Ruß? *C* *Bei der unvollständigen Verbrennung entsteht nur CO oder C. Wenn wir nun eine Reaktionsgleichung für Heptan aufstellen, wo statt CO_2 nur CO oder gar nur C entsteht, dann werden wir merken dass deutlich weniger Sauerstoff benötigt wird. *Wir notieren uns in den Hefter: b) unvollständige Verbrennung -> Tafelanschrift	
	Sicherung II	*Fasse noch einmal zusammen, sprich über die Verbrennung der Kohlenwasserstoffe. *Reaktionsprodukte CO_2, CO, C, ausreichend O_2*	
8:50	Erarbeitung III	*Bei der Verbrennung von Kohlenwasserstoffen entstehen immer CO_2 und H_2O, vorausgesetzt die Reaktionsbedingung, dass genug Sauerstoff vorhanden ist, ist erfüllt. Aber wo finden solche Verbrennungen in unserem Alltag statt? Auch das habt ihr bereits in der ersten Stunde mit Herrn Schmidt erarbeitet. Nennt mir Beispiele! *Auto, Industrie* * Wir produzieren jährlich knapp 3% des weltweiten CO_2 Ausstoßes, Tendenz steigend. CO_2 steigt in die Atmosphäre und wird doch auch gebraucht, es sorgt dafür dass sich die Erde erwärmt. Doch mittlerweile ist zu viel CO_2 in der Atmosphäre und nicht nur dieses Gas hat negative Folgen auf die Erderwärmung. Die Worte Klimawandel und Treibhauseffekt habt ihr sicherlich schon mal gehört. Sie sind nicht nur in den Nachrichten und in Politikerreden zu hören. Sondern zentrale Themen in Chemie, Biologie und Geografie. Wodurch dieser Treibhauseffekt ausgelöst wird, was die Folgen sind und aber auch was wir dagegen tun können.	UG

14

8:52	Sicherung III	Dafür habe ich verschiedene Stationen vorbereitet, die ihr bitte alle abarbeiten sollt. Die Reihenfolge spielt keine Rolle, wichtig ist, dass ihr am Ende alle bearbeitet habt. Ich habt dafür jetzt 30 Minuten Zeit. Beginnt zuerst mit dem unteren Teil des Arbeitsblattes und lasst das Schema frei. Wenn ihr alles ausgefüllt habt, kömnt ihr euch bei mir ein Lösungsblatt zum Vergleich abholen. -Stationenarbeit, Vergleich auf Anfrage	Stationenarbeit, AB, Lösungsblatt	EA
9:28	Abschluss	*Schlagt eure Hausaufgabenhefte auf und schreibt ein „AB beenden" überlegt euch, wie ihr die herausgearbeiteten Informationen sinnvoll eintragen könnt. Und „lernen 5.7.", ihr werdet nächste Woche ein SE zur Verbrennung der Kohlenwasserstoffe durchführen, wo das Protokoll eingesammelt wird. *Verabschiedung		LV

15

3.1.3 _Arbeitsmaterialien_

1) Folie Carbidlampe

Funktionsweise:

- Calciumcarbid wird in einem Behälter vorgelegt
- Wasser wird langsam hinzu getropft
- Ethin entsteht und entweicht (- siehe auch Experiment)
- Gas wird angezündet und Flammenschein wird mittels Reflektor verstärk

Verwendung:

- Bergbau

2) LK

Frage	Schüler 1	Schüler 2	Schüler 3
1	9 (Nonan)	Butan (4)	6 (Hexan)
2	Decan (10)	1 (Methan)	Octan (8)
3	2 (Ethan)	Pentan (5)	3 (Propan)
4	Heptan (7)	10 (Decan)	Methan (1)
5	8 (Octan)	Nonan (9)	4 (Butan)
6	Hexan (6)	2 (Ethan)	Heptan (7)
7	5 (Pentan)	Propan (3)	10 (Decan)
8	Methan (1)	8 (Octan)	Ethan (2)
9	3 (Propan)	Hexan (6)	5 (Pentan)
10	Butan (4)	7 (Heptan)	Nonan (9)

3) Tafelanschrift

5.7. Verbrennung der Kohlenwasserstoffe

a) Vollständige Verbrennung

Heptan + Sauerstoff -> Kohlenstoffdioxid + Wasser
C_7H_{16} + 11 O_2 -> 7 CO_2 + 8 H_2O

Nachweis:
Kohlenstoffdioxid + Calciumydroxid -> Calciumcarbonat + Wasser
CO_2 + $Ca(OH)_2$ -> $CaCO_3$ + H_2O

Methan + Sauerstoff -> Kohlenstoffdioxid + Wasser
CH_4 + 2 O_2 -> CO_2 + H_2O

Ethan + Sauerstoff -> Kohlenstoffdioxid + Wasser
$2C_2H_6$ + 7 O_2 -> 4 CO_2 + 6 H_2O

Alle Kohlenwasserstoffe verbrennen (bei genügend Sauerstoff) zu Kohlenstoffdioxid und Wasser.

b) Unvollständige Verbrennung

Heptan + Sauerstoff -> Kohlenstoffmonooxid +Wasser
$2C_7H_{16}$ + 15 O_2 -> 14 CO + 16 H_2O

Heptan + Sauerstoff -> Kohlenstoff (Ruß) + Wasser
C_7H_{16} + 4 O_2 -> 7 C + 8 H_2O

Alle Kohlenwasserstoffe verbrennen bei veränderten Reaktionsbedingungen (ungenügend Sauerstoff) zu Kohlenstoffmonooxid oder Kohlenstoff(Ruß).
Je länger die Kette, desto höher der Sauerstoffverbrauch -> unvollständige Verbrennung.

4) Aufgaben Stationsarbeit

1. Natürlicher Treibhauseffekt und Strahlenhaushalt
   Die Erde ist ein Treibhaus.
   Ähnlich wie im heimischen Gewächshaus geht es auch in unserer Atmosphäre zu. Langwellige, energiereiche Sonnenstrahlen treffen auf die Erdoberfläche. Dort geben sie zum Teil Wärme ab, werden aber auch häufig reflektiert und als kurzwellige Strahlen zurück ins Weltall gesendet. Die aufgestiegenen Treibhausgase, wie zum Beispiel Wasserdampf, Kohlenstoffdioxid, Distickstoffoxid (besser bekannt als Lachgas) Methan und Ozon, behindern die natürliche Wärmeabstrahlung in das All und halten somit die Wärme auf der Erde. Dies sorgt dafür, dass auf der Erde eine Mitteltemperatur von 15°C vorliegt. Ohne den Treibhauseffekt wären es nur -18°C.

2. Künstlicher Treibhauseffekt Ursachen
   <u>Der Mensch hat Schuld!</u>
   Über den Hauptverursacher des Temperaturanstieges wird gestritten. Die Mehrheit der Experten meint, dass der Grund der erhöhte Ausstoß von Treibhausgasen durch den Menschen sei. Durch die stetig wachsende Bevölkerungszahl werden zum Beispiel mehr Nahrungsmittel benötigt. Rinderherden und Reisfelder sind große Methan-Lieferanten. Aber auch die immer größer werdenden Müllberge und die chemische Industrie führen zu erhöhtem Methanausstoß, was immerhin 1/5 der Treibhausgase ausmacht. Darüber hinaus darf natürlich der größte Treibhausverstärker, Kohlenstoffdioxid, nicht unerwähnt bleiben. Dieses wird vor allem bei der Verbrennung von Kohle, Erdöl und Erdgas freigesetzt - also beim Autofahren, Heizen, etc. Bei der Brandrodung und Stickstoffdüngung entsteht Distickstoffoxid, welches ebenfalls, wenn auch zu einem geringeren Teil, zur Erderwärmung beiträgt.

3. Künstlicher Treibhauseffekt Folgen
   <u>Das Treibhaus heizt sich auf.</u>
   Mit dem erhöhten Ausstoß der Treibhausgase ist im 20. Jahrhundert die Erdmitteltemperatur weltweit um durchschnittlich 0,6°C gestiegen. Dies klingt zunächst nicht viel, aber dadurch kommt es zur Schmelze von Gletschern und Polarkappen, was wiederum einen Anstieg der Meeresspiegel um bis zu 100 cm zur Folge hat. Auf der anderen Seite kommt es zur Ausbreitung von Dürregebieten und zur Entstehung von Stürmen, welche eine Zunahme der Bodenerosion nach sich ziehen. Aufgrund der Erwärmung kommt es darüber hinaus zu einer stärkeren Wasserverdunstung, wodurch wiederum der Treibhauseffekt verstärkt wird.

4. Künstlicher Treibhauseffekt Maßnahmen
   <u>Klima ist immer, Wetter ist heute.</u>
   Damit die Erdatmosphäre sich nicht immer weiter erwärmt, gibt es viele politische Diskussionen und Programme, um vor allem den CO_2-Ausstoß zu reduzieren. So sollen verstärkt alternative Energien wie Wind-, Solar- und Wasserenergie eingesetzt werden. Auch führt der Erhalt von Grünflächen und Wäldern zu einer Reduktion des Schadgases. Pflanzen sind der größte Kohlenstoffdioxidverbraucher weltweit. Werden vor allem in Städten mehr Grünanlagen erhalten, so können die Pflanzen das CO_2 in Sauerstoff umwandeln. Aber auch Dämmmaterial an Gebäuden senkt den Brennstoffverbrauch und sorgt somit für ein besseres Klima. Ebenfalls baut die Autoindustrie verstärkt mit Kunststoff statt mit Metall und Glas, denn leichtere Autos verbrauchen weniger Kraftstoff. So hilft auch die Chemie aktiv beim Klimaschutz.

5) Lösungsblatt zum Arbeitsblatt Treibhauseffekt unterer Teil

Natürlicher Treibhauseffekt(THE):

Funktion Gase, sogenannte Treibhausgase, in der Atmosphäre lassen Sonnenstrahlen eindringen, halten aber zugleich Wärme auf der Erde
Wirkung: Mitteltemperatur auf Erde mit THE: 15°C , ohne -18°C
Treibhausgase: Wasserdampf, Kohlenstoffdioxid, Distickstoffoxid, Methan, Ozon

Künstlicher Treibhauseffekt:

Ursachen	• Verbrennung Kohle, Erdöl, Erdgas • Reisfelder, Rinderherden • Mülldeponien • Stickstoffdüngung, chemische Industrie • Brandrodung
Folgen	• Temperaturanstieg (0,6°C) • Meeresspiegel steigt • Dürregebiete breiten sich aus • Gletscher & Polkappen schmelzen • Stürme • Zunahme Bodenerosion …
Maßnahmen	• Alternative Energien: Sonne, Wasser, Wind • Erhalt Grünanlagen • Kunststoffe Autoindustrie • Dämmmaterial

3.1.4 Motivation/Zielorientierung

Ich habe mich dazu entschlossen, das Ziel der Stunde klar am Anfang zu benennen. Da davor noch eine Hausaufgabe verglichen, die mit einem speziellen Kohlenwasserstoff zu tun hatte und eine Leistungskontrolle abgehalten wurde , sollte somit für die Schüler deutlich werden, dass es sich nun um ein neues Thema handelt. Die eigentliche Stunde mit neuem Wissenserwerb startet „jetzt". Durch die kleinen Experimente sollten die Erinnerung an bereits gesehene Experimente unterstützt werden. In dem ich die Frage nach der chemischen Beschreibung dieses Experimentes, also nach der Reaktionsgleichung stellte, habe ich eine Wissenslücke bei den Schülern aufgetan, die als Motivation für die folgende Unterrichtsstunde dienen sollte.

Ich selbst fand es sehr schwierig, eine geeignete Motivation in dieses doch recht trockene Thema zu finden und halte auch diese nicht unbedingt für die beste Variante. Allerdings sind Alternativen schwer zu finden.

Eine schöne Methode, die aber sicherlich viel Zeit kostet, wäre eine Reihe von Verbrennungen von Kohlenwasserstoffen unterschiedlicher Bindungsanzahl und Kettenlänge zu starten und jeweils die Beobachtungen zu notieren. Danach könnte man festhalten, dass, wenn es gerußt hat, Kohlenstoff entstanden sein muss. Da hier, greift man auf bereits vorhandenes Wissen zurück, eine Verbrennung immer unter Einsatz von Sauerstoff abläuft. Nun müsste man logisch kombinieren, dass noch Wasserstoff-Teilchen übrig bleiben würden und diese sich aller Wahrscheinlichkeit nach mit Sauerstoff zu Wasser verbinden. Welches man eventuell auch sieht, da sich ein Becherglas beschlagen könnte und bereits am Anfang des Lerngebietes in einer Zusammenfassung dargestellt wurde, dass Kohlenwasserstoffe immer auch zu Wasser verbrennen. Ist der erste Teil eher zeitaufwendig, ist der zweite doch recht abstrakt, wenn man die ganze Klasse mitnehmen möchte. Das sollte ja immer das Ziel sein. Also muss es sich wohl um eine recht leistungsstarke Klasse handeln. Natürlich kann man den ersten Teil auch mit Beispielexperimenten oder Gedankenexperimenten ersetzen, um es abzukürzen. Dann wird es aber in meinen Augen noch schwerer.

Auf die vollständige Verbrennung und Kohlenstoffdioxid zu kommen, finde ich schwierig. Die Argumentation könnte über die Biologie und die menschliche Atmung geführt werden. Dies halte ich aber für zu abstrakt, wenn es wirklich um Kohlenwasserstoffverbindungen geht.

Auch der CO_2-Nachweis dient gut zur Überprüfung, ob Kohlenstoffdioxid tatsächlich entsteht. Allerdings klingt hier progressiv-reduktives Vorgehen an. Ich denke, dies ist mit leistungsstarken Schülern und ohne übermäßigen Zeitdruck realisierbar, Jedoch ist es bei einem gemischten Leistungspotenzial sehr schwierig umzusetzen und für alle verständlich zu gestalten. Außerdem geht die Diskussion schon zu sehr in die Ersterarbeitung hinein.

3.1.5 *Ersterarbeitung*

Die Erarbeitung der Thematik erfolgt zum einen progressiv-reduktiv, da zuerst überlegt bzw. das Wissen darüber reaktiviert wird, was bei der Verbrennung für Reaktionsprodukte entstehen und wie diese überprüft werden können. Bevor das Lehrerexperiment durchgeführt wird, um dies zu überprüfen. Desweiteren kann man hier aber nicht klar trennen, ob es sich um ein induktives oder deduktives Vorgehen handelt, da zum einen zwar von einer konkreten Plastikflasche bzw. einem Plastelineal als Stellvertreter für die Kohlenwasserstoffe handelt und dies dann für alle allgemeingültig sein soll, auf der anderen Seite sagt man ja schon, dass das Lineal stellvertretend für alle Kohlenwasserstoffe steht, es wird also allgemein vorausgesetzt und dann an einem konkretem Beispiel überprüft.

Ich empfand dieses Vorgehen noch am zugänglichsten. Eine Alternative wäre ja ein regressiv-reduktives Vorgehen, indem man zu erst etwas verbrennt und danach schaut, was passiert ist. Wenn die Schüler allerdings nicht fit sind, was Nachweisreaktionen betrifft, könnte es schwierig werden, dass sie den Schluss dann ziehen. Ansonsten könnte man zumindest die vollständige Verbrennung auch regressiv-reduktiv erarbeiten. Allerdings stellt sich dann die Frage, wie man dies mit der Unvollständigen ebenfalls macht.

In diesem konkreten Fall bot sich aber meine gewählte Variante eher an, da die Schüler bereits in den letzten Stunden Kontakt mit Verbrennungsreaktionen hatten und somit ein bloßes Experiment stupides Wiederholen gewesen wäre. Ich wollte mit dem progressiven Erarbeiten mehr Schüler erreichen und einen Denkprozess anregen, der mit einem Experiment belohnt wird. Ich denke, es ist spannend Hypothesen aufzustellen und diese dann zu überprüfen. Außerdem war mir in Hinblick auf die nächste Stunde wichtig, dass es möglichst alle Schüler gut verstehen.

3.1.6 *Ausstiegsvarianten/Puffer*

Der zweite Teil der Stunde beschäftigte sich mit der Entstehung des Treibhauseffektes sowie Ursachen, Folgen und Gegenmaßnahmen. Dies habe ich als Stationsarbeit angelegt, da mir somit die Möglichkeit geboten war, flexibel zu agieren. So sollte zuerst der untere Teil des Blattes ausgearbeitet werden und die Vervollständigung des Schemas war für die Hausaufgabe gedacht. Bei zügigem Arbeiten, wie es dann auch der Fall war, konnte dies schon im Unterricht erledigt werden. Wären die Schüler extrem schnell gewesen, dann hätte man dies auch direkt noch vergleichen können. Für den Fall, dass sich ein zeitlicher Engpass ergeben hätte, waren ausreichend Zettel da, so dass ein oder zwei Stationen mit nach Hause genommen werden können, um sie da zu bearbeiten. Bei viel Zeit hätte man auch die Ergebnisse der Stationsarbeit im Plenum vergleichen können. Aufgrund der unterschiedlichen Arbeitstempi hatte ich aber schon Lösungsblätter vorbereitet, die dann auch zum Einsatz kamen.

3.2 *3. Stunde*

3.2.1 *Feinziele*

- Die Schüler wenden ihr Wissen über vollständige und unvollständige Verbrennung der letzten Stunde an und stellen entsprechende Reaktionsgleichungen auf.
- Die Schüler untersuchen eine Verbindung auf vollständige Verbrennung mittels ihrer Fertigkeiten und dem Wissen um den Nachweis für das entstandene CO_2.

3.2.2 *Verlaufsplan: SE- Verbrennung*

Zeit	Phase	L-S-Interaktion	Medien	Methode
8:00	Einstieg	* Begrüßung		UG
8:01	Kontrolle	*Ihr wisst, dass ihr heute experimentieren sollt. Dazu dürft ihr nur euer Tafelwerkt verwenden. Die Aufgabenstellung und eine Orientierungshilfe, wie das Protokoll auszusehen hat, lege ich als Folie auf. Lest euch die Aufgabenstellung durch!	Folie	UG
		*Zum Experimentieren habt ihr ein Teelicht, ein Becherglas und eine Nachweisflüssigkeit. Wie würdet ihr vorgehen?		
		*Ihr schwenkt das Becherglas mit dem Nachweismittel aus, brennt das Teelicht an und haltet das Becherglas so schräg über die Flamme, dass die Kerze nicht ausgeht. Gibt es dazu Fragen?		
		*Dann erkläre bitte noch einmal, wie du im Experiment vorgehst. Ggf. noch einmal selbst erklären bzw. anderen Schüler drannehmen.		PA/EA
		*Wenn es keine Fragen mehr gibt, geht es jetzt los. Das Experiment führt ihr zu zweit durch, die Auswertung macht jeder für sich. Wenn euch die Paletten stören, räumt ihr sie nach den Versuch nach vorne, ansonsten am Ende. Ihr habt 35 min Zeit. Los geht's!		
8:35	Abschluss	*Haben alle ihre Protokoll abgegeben? Dann räumt bitte die Geräte und Chemikalien noch nach vorne (wer es noch nicht gemacht hat) und die Paletten in den Schrank.		UG
		Ich bedanke ich mich und der Herr Winkler wird übernehmen.		
5-10'	Puffer	Vergleich HA Treibhauseffekt mittels Lösungsfolie von Frau Otto	Lösungsfolie Frau Otto	

22

1) Folie SE Verbrennung

Aufgabe: Untersuche Kerzenwachs auf vollständige
                    Verbrennung!

Vorbetrachtung:
- Welche Reaktionsprodukte entstehen bei der vollständigen
  Verbrennung von Kerzenwachs?
- Gib für den Nachweis eines Reaktionsproduktes die Wort- und
  chem. Gleichung an.
- Nenne die Reaktionsprodukte der unvollständigen
  Verbrennung.
- Nenne die Reaktionsbedingung für die unvollständige
  Verbrennung.
- Stelle die Wort- und chem. Gleichung für die vollständige
  Verbrennung von Methan auf.

Geräte/Chemikalien:
(Skizze der Geräte und Chemikalien mit Beschriftung)

Beobachtung:

Auswertung: Begründe, ob du die vollständige Verbrennung von
                     Kerzenwachs nachweisen konntest.

3.2.4 *Motivation/Zielorientierung*

Motivation im gemeinten Sinne gibt es nicht, da es sich um die Kontrolle von bereits Gelerntem handelt. Für die Schüler könnte die Note, die es darauf gibt, Motivation sein, praktisch gut zu arbeiten. Ansonsten ist die Zielorientierung für diese Stunde, das Wissen der vergangenen Stunden praktisch zu vertiefen und zu überprüfen.

3.2.5 *Ersterarbeitung*

Wie bereits unter 3.2.4 erläutert, handelt es sich bei dieser Stunde nicht um eine klassische Stunde, die allgemeinen Schritte (Motivation, Ersterarbeitung, Sicherung) sind also nicht übertragbar. Trotz allem findet es sich hier wieder, dass die Schüler durch die Vorbetrachtungen zu einem progressiv-reduktiven Vorgehen animiert werden. Durch die Bearbeitung der Vorbetrachtungen stellen sie Hypothesen auf, welche sie dann im Experiment überprüfen werden. Mit der Auswertungsfrage werden die Schüler noch einmal daran erinnert, dass sie noch eine Wertung ihrer Hypothese aufstellen müssen: ob diese gestimmt hat oder nicht. Allerdings ist auch ein regressiv-reduktives Vorgehen der Schüler nicht ausgeschlossen. Da die Gerätschaften zum Experimentieren bereits von Anfang an auf den Plätzen stehen, kann nicht ausgeschlossen werden, dass einige Schüler zuerst das Experiment durchführen und danach mit den gemachten Beobachtungen Erklärungen für diese finden. Diese Abweichungen vom Plan finde ich aber nicht schlimm, sondern bevorzuge diese als Hilfestellung gegenüber bloßem Nichtstun der Schüler. Wöllte man dies vermeiden, so müsste man die Schüler benötigte Chemikalien nach der Bearbeitung der Vorbetrachtungen anfordern lassen. Doch in diesem kleinen Experiment wäre der Aufwand größer als der Nutzen.

3.2.6 *Ausstiegsvarianten/Puffer*

Die gesamte Stunde ist für die Bearbeitung der Aufgaben gedacht. Schülerexperimente nehmen allgemein viel Zeit ein. Da dieses zudem noch bewertet werden sollte, ist es von Nöten, genügend Zeit einzuplanen, um die Schüler nicht zusätzlich unter Druck zu setzen. Immerhin gilt es zu bedenken, dass es sich um die erste Stunde am Montag handelt und die vergangene Stunde schon eine Woche her ist. Die Aufgaben sind so gestellt, dass sie gut in der Zeit bearbeitet werden können und noch ausreichend Zeit für das eigentliche Experiment und das Aufräumen der Gerätschaften zur Verfügung steht.

Werden die Schüler allerdings eher fertig, so würde ich mit dem Vergleich der Hausaufgabe aus der letzten Stunde beginnen. In dieser ging es darum, aus den erarbeiteten Fakten zum

Treibhauseffekt, die Abbildung auf dem oberen Teil des Arbeitsblattes zu vervollständigen. Hierzu gibt es auch eine Lösungsfolie, die von der Fachlehrerin gestellt wurde und da die Zeit für das Schülerexperiment vollständig ausgeschöpft wurde, hat den Vergleich der Herr Winkler übernommen.

Die Wahl des Hausaufgabenvergleichs als Puffer ergab sich außerdem aus dem Hintergrund heraus, dass nach den 45 min Schülerexperiment ein Lehrerwechsel vollzogen wird. Während die erste Stunde zur Wissensüberprüfung gedacht war, handelte es sich in der zweiten Stunde um eine Systematisierungsstunde, um noch einmal alles Wichtige vor der Klassenarbeit zu wiederholen. Der Vergleich kann problemlos von einem der Lehrer als Ausklang oder Einstieg genutzt werden, da er unabhängig vom vorangegangen ist, aber auf die Zusammenfassung überleitet.

4 Didaktische Reflexion

4.1 1. Stunde&2.Stunde

Von der Stunde kann im Allgemeinen eine positive Bilanz gezogen werden. Ich habe meine gestellten Anforderungen zeitlich wie auch inhaltlich geschafft und somit auch meine Ziele weitestgehend erfüllt. Zum einfacheren Verständnis würde ich jetzt einfach chronologisch vorgehen und abwechselnd meine eigene Meinung und das Feedback, welches ich von den anderen dazu erhalten habe, einfließen lassen.

Der Unterricht startete ganz gut. Die Kontrolle hatte deutlich besser geklappt, als in der Woche vorher, was sicherlich daran lag, dass die Schüler bereits wussten, was auf sie zu kommt und noch einmal kräftig gelernt haben. Bei dem Hausaufgabenvergleich zeigte sich, dass viele Schüler keine Hausaufgaben gemacht hatten. Da leider vorab nicht geklärt worden war, wie in diesen Fällen vorgegangen wird, war ich ehrlich gesagt etwas unsicher in dieser Situation. Da ich aber auch für diese Stunde keine neue Regelung einführen und nicht die Fachlehrerin zwischendurch fragen wollte, meinte ich nur, dass die Hausaufgabe bitte bis zur nächsten Stunde nachgemacht werden soll. Die Fachlehrerin bemerkte dann später, dass es zwar gut war, dass ich darauf eingegangen bin, aber ich hätte auch die Namen notieren müssen, um dann in der darauffolgenden Stunde kontrollieren zu können.

Bei der Erarbeitung der Thematik ließ ich mir am Anfang etwas Zeit, die Schüler konnten sich noch teilweise gut an das bereits Gelernte erinnern. Lediglich der Nachweis für Kohlenstoffdioxid war nicht mehr in den Köpfen. Das stellte mich vor eine etwas schwere

Situation, da die Fachlehrerin von hinten mir das Zeichen gab, so wie es auch vorher schon abgesprochen war, dass die Schüler den Nachweis schon behandelt hatten. Es wollte aber niemanden mehr einfallen. Glücklicherweise hatte eine Schülerin ihren Hefter so geordnet, dass sie die Gleichung in ihrem Hefter fand und somit den Stundenverlauf vorantrieb. Das daran anschließende Experiment war etwas heftiger als erwartet und probiert. Allerdings muss man sagen, auch wenn es eigentlich schief ging, war es doch in diesem Sinne positiv für den Stundenverlauf. Über die plötzlich heftige Reaktion waren die Schüler so gebannt und ans Unterrichtsgeschehen gefesselt, wie man es anders wohl nicht hätte herstellen können, bei einem etwas trockeneren Thema. Bei der Tafelanschrift bemerkte ich, dass es recht viel für eine Tafel wurde. Dies lag aber auch daran, dass in der Vorbesprechung zum einen die Fachlehrerin darauf Wert legte, nur die eine Tafel zu beschreiben und die andere Tafel als „Notizzettel" zu verwenden und zum anderen daran, dass sie noch den ein oder anderen wichtigen Satz gern an der Tafel gesehen hätte. Ich wollte diese Erwartungen möglichst gut erfüllen. Schade war, dass ich leider gegen Ende hin etwas schräg in meinem Tafelbild wurde und auf Grunde der Vielzahl von Fakten das Ganze etwas gedrückt wirkte! Darüberhinaus ergab sich eine Diskussion über die Farbe Gelb als Tafelfarbe, in einer andern schulpraktischen Übung hörte ich, das sich dies hervorragend eignet, hier wiederrum wurde Gelb als sehr unpassend dargestellt. Ich denke das sollte ich noch weiter ausprobieren. Und auch den Nachweis vielleicht etwas extra setzen, was ich auf Grund der engen Platzverhältnisse nicht realisierte.

Bis dahin lag ich noch gut in der Zeit und legte darauf Wert, dass die Schüler selbst Reaktionsgleichungen aufstellten. Ich hatte das Empfinden - und wurde darin auch von der Fachlehrerin bestätigt - dass die Schüler sehr große Probleme damit haben. Dies liegt meiner Meinung nach an der fehlenden Übung. Ich habe mir daher bewusst die Zeit genommen, auch schwächeren Schüler die Möglichkeit zu geben, die gestellte Aufgabe in ihrem Tempo zu bewältigen. Dennoch war ich leicht in Eile, als ich dann bemerkt hatte, wieviel effektive Zeit diese doch eigentlich recht simple Übung gekostet hat. Ich habe mich dann sicherlich etwas zu hektisch um den zweiten Teil der Verbrennungsreaktionen gekümmert. Mit Abstand gesehen war dieser Zeitdruck auch total unbegründet. Doch in dem Moment habe ich nur meinen Plan gesehen (was ich noch schaffen will und muss), da auch die nächsten Stunden keinen wirklichen Platz für Spielraum ließen. In der Auswertung wurde auch gesagt, dass ich das vielleicht noch anders und deutlicher hätte machen sollen. Allerdings konnten auch keine konkreten Gegenvorschläge gemacht werden, wie man das wirklich den Schülern hätte noch fasslicher machen können.

Außerordentlich überrascht hat mich, nach dem doch etwas gehetzten und lehrerzentrierten Erarbeitungsteil, dass die Stationsarbeit so zügig und still und mit sehr gutem Ergebnis verlief. Nachdem ich die Aufgabenstellung gestellt hatte, war ich kurz irritiert, weil die Schüler nicht direkt anfingen. Ich hatte schon Angst, dass ich alles fünfmal erklären muss. Aber es funktionierte hervorragend. Auch konnten die Schüler Probleme selbst bewältigen, wie jenes, dass gerade der noch fehlende Aufgabenzettel nicht zur Verfügung stand. Auch von meinen Kommilitonen erhielt ich die Rückmeldung, dass sie zunächst Bedenken hatten, dass die Stationsarbeit fremd für die Schüler wäre und meine Aufgabenstellung nicht präzise genug sei. Aber diese lösten sich in Wohlgefallen auf. Durch das zügige Arbeiten der Schüler konnten schon die meisten Schemata auf dem Arbeitsblatt ausgefüllt werden und die Stunde pünktlich und in Ruhe beendet werden.

Allgemein wurde noch mitgegeben das ich geduldiger werden muss und nicht zu schnell zu viele Fragen stellen solle, sondern erst einmal den Schülern Zeit geben und gegebenenfalls nicht die Antwort vorwegnehmen, worum ich mich bemüht habe, sondern die Frage umzuformulieren. Das sind Dinge die ich gerne berücksichtige, aus meinen bisherigen Erfahrungen heraus aber typische Anfängerprobleme sind. Positiv wurde festgestellt das ich viele Schüler mit einbeziehe, ich bemühe mich immer das möglichst jeder einmal zu Wort kommt. Ich denke so merkt man schneller wo Schwachstellen sind und die Schüler werden gezwungen aufzupassen, wenn sie merken das es jeden treffen kann und nicht immer die gleichen Schüler drangenommen werden. Für meine einfachen, klaren Arbeitsanweisungen wurde ich gelobt, die ich mir vor allem in der schulpraktischen Übung antrainiert habe wo wir eine 6. Klasse unterrichteten. Sehr gefreut habe ich mich das nicht nur bei den Schülern sondern auch bei meinen Kommilitonen das Lehrerexperiment, die Stationsarbeit und die Auswertung zur Carbidlampe, die dank einer echten Carbidlampe sehr anschaulich wurde, Anerkennung fand.

4.2 *3.Stunde*

Meine dritte Unterrichtsstunde war als Kontrolle der beiden vorangegangenen angelegt. Ich hatte mit Hilfe der Fachlehrerin schon alles vorbereitet und beschlossen, direkt am Anfang mit dem Experiment anzufangen. Diese Überlegung erwies sich als gut, da die gesamten 45 min von den Schülern gebraucht wurden. Die Arbeitsanweisung hatte ich auf Folie, da die

Chemielehrerin meinte, ich solle den Schülern eine Form vorgeben. Auch dass ich die Arbeitsanweisung bewusst weggelassen hatte, war in meinen Augen positiv. So konnte ich noch einmal genau mit den Schülern den Ablauf besprechen und hatte ihre Aufmerksamkeit sicher, als wenn es bereits irgendwo notiert gewesen wäre. Die nochmaligen Erklärungen der Schüler hielt ich für sinnvoll und denke auch, dass sie mehr gebracht haben als meine eigenen. Denn erfahrungsgemäß hören Schüler ganz anders zu, wenn sie etwas von Mitschülern erklärt bekommen, als wenn dies nur der Lehrer macht. Das Experimentieren verlief eigentlich recht gut. Ich bemühte mich, stark in der Klasse präsent zu sein und möglichst alle Fragen, von denen es nicht zu wenige gab, zu beantworten, ohne einem Schüler einen Vorteil einzuräumen und auch bei den Schülern, die sich nicht meldeten, vorbei zu schauen. Es stellte sich heraus, dass die Schüler große Probleme (wie schon in der Woche davor) mit dem Nachweis von Kohlenstoffdioxid hatten und auch das Nachweismittel nicht wussten. Auch in der Auswertung wurde überlegt, wie man dies eventuell hätte umgehen können. Ich habe bewusst das Nachweismittel nicht vorgegeben, weil gerade hier für mich eine Schwierigkeit bestand. Ich denke, dass dies gute Schüler meistern konnten, zu mal das Experiment angekündigt wurde; ebenso der zu lernende Hefterabschnitt, in welchem der Nachweis nochmal ausführlich aufgeführt war. Eine Alternative wäre gewesen, dass man sich von den Schülern das Nachweismittel ansagen lässt und erst danach ausgibt, so wie es auch in Prüfungen der Fall ist. Dieses habe ich aber wiederrum bewusst im Vorhinein abgelehnt. So konnten auch Schüler das Experiment durchführen, die das Nachweismittel nicht wussten. Ich hatte die Hoffnung, dass vielleicht dem ein oder anderem bei der Beobachtung wieder einfällt, um welches Nachweismittel es sich handelt. Zum anderen wäre dann ja die Schwierigkeit nicht aufgehoben. Denn wenn die Schüler nicht wissen, was vor ihnen steht, dann wissen sie auch meiner Meinung nach nicht, was sie beim Lehrer beantragen müssen. Trotzallem kamen laut der Fachlehrerin noch gute Noten zu Stande. Aber es war für mich eher ernüchternd, wenn das „gute" Noten sein sollen. In der anschließenden Diskussion wurden hauptsächlich darüber diskutiert, wie man das Nachweismittel noch stärker an die Schüler herantragen hätte können. Die Fachlehrerin meinte im Anschluss, dass ich das Schülerexperiment nicht genügend und eindringlich genug angekündigt hätte. Dabei sagte sie in der Vorwoche noch, dass sie es gut fand, wie ich das noch einmal an die Tafel geschrieben hätte und allen Schülern in Ruhe und deutlich gesagt hätte, was sie bis nächster Woche zu lernen hätten und aus welchem Grund.

5 Gesamtreflexion

Ich persönlich ziehe für mich, wie die beiden Reflexionen der Unterrichtsstunden schon gezeigt haben, eine positive Bilanz aus der schulpraktischen Übung. Ich bin darüberhinaus der Meinung, dass die Unterrichtsstunden für jeden ein Erfolg waren, auch wenn dieser darin bestand, dass einem die ein oder andere Schwäche bei der Unterrichtsplanung aufgezeigt wurde.

Bei den Unterrichtsstunden von Tilo fiel mir besonders seine Lehrerpersönlichkeit auf. Er hat es auf Anhieb geschafft, mit den Schülern auf einer Wellenlänge zu kommunizieren. Seine Beispiele waren immer aus der Lebenswelt der Schüler. In den Besprechungen ist immer deutlich geworden, dass er sich bei jedem Thema fragt, wo ist der Alltagsbezug für die Schüler, an welcher Stelle wird es für sie relevant. Er hat damit immer Bezugspunkte gefunden, mit denen er die Schüler fesseln konnte. Diese Einstellung empfinde ich als sehr bemerkenswert und hoffe, dass er sie behält. Auch zieht sich dies durch seinen gesamten Unterricht. Er erklärt viel und gern und lieber einmal mehr als zu wenig und lässt auch Schüler noch einmal für Schüler erklären. Das wohl größte Manko an seinen Stunden war die Zeiteinteilung. Er hatte in den ersten beiden Stunden zu viel Zeit, dafür fehlte sie in der nächsten an allen Ecken und Kanten. In diesem Zusammenhang war es vielleicht auch ungünstig, dass er die Stunden direkt hintereinander gehalten hat, denn so konnte kein wirkliche Verbesserung eintreten. Leider beinhaltete die zweite Stunde das Experiment zur fraktionierten Destillation, welches ein enormer Arbeitsaufwand war. So kam es aber eigentlich nicht zu Geltung und es stellt sich die Frage nach dem Sinn des Experimentes in der Unterrichtsstunde. Bloß damit die Schüler einmal so eine Miniatur von Anlage gesehen haben, ist der Aufwand dann doch etwas zu groß. Desweiteren könnte noch etwas an dem Tafelbild gearbeitet werden, was Tilo aber oft umgeht, indem er einfach Arbeitsblätter einsetzt. Außerdem fällt auf das er sehr oft Fragen stellt mit „Könntet ihr, …vielleicht, …" die ein Lehrer vermeiden werden sollte, da dies dem Schüler den Weg ermöglicht einfach zu sagen „Nein, kann ich nicht." Dies sind aber auch Anfängerprobleme und ist mir nicht nur bei Tilo aufgefallen, und ich denke ich selbst bin auch nicht komplett frei davon auch wenn ich mich sehr darum bemühe. Die Fragetechniken von Tilo waren bisweilen auch recht schwierig und in meinen Augen auch verwirrend gestaltet. Zudem ging es ihm oft um ein konkretes Wort wodurch er sehr lange immer wieder dasselbe fragte, was das ganze etwas zäh gestaltete. In der zweiten Stunde wiederrum, gab er fast alle Antworten auf Grund der Zeitknappheit vor was viel Potenzial verschenkte. Was mich persönlich noch störte ist das

Tilo oft gerade am Anfang der Stunde während er redet noch etwas von hinten holt, oder in seiner Tasche sucht. Ich empfinde das als unschön und störend. Sehr positiv sind aber seine wirkliche gute Interaktion zu den Schülern, seine laute Stimme, seine ansprechende sichere Haltung und seine, dadurch noch unterstrichene, Lehrerpersönlichkeit im Allgemeinen.

Ein Punkt der mir aber bei fast allen Unterrichtsstunden aufgefallen ist, war die Zielstellung. Die meisten Ziele wurden in meinen Augen nicht erfüllt, weil sie schwammig formuliert waren und die Stunden förmlich überladen mit Feinzielen waren. Die Diskussion hatte ja bereits ergeben, dass es sein kann, dass ich in der Hinsicht durch mein Zweitfach etwas voreingenommen bin. Aber in meinen Augen - und das finde ich zudem noch sehr einleuchtend - sollten die Feinziele wirklich nur aus wenigen kontrollierbaren Zielen bestehen. Am Ende jeder Unterrichtsstunde bzw. besser noch in der Planung sollte man sich fragen, wie und an welcher Stelle ich in meinem Unterricht überprüfen kann, was ich mir für Ziele gesetzt habe. Das ist nicht immer einfach und gelingt mir auch nicht ständig. Aber es hilft dabei, den Überblick zu behalten. Denn es ist doch ganz normal, dass man nicht die ganze Stunde über seine Zielstellungen überprüfen kann. Den Schülern muss ja erst einmal Zeit gegeben werden, die von ihnen verlangten Ziele zu erfüllen. Zum anderen fliegen damit überflüssige Ziele heraus. Ich weiß nicht, wie das gehandhabt wird. Mir ist es lieber, ich habe zwei bis drei konkrete Ziele, die ich in der Stunde erfüllen möchte und schaffe diese dann auch, als zehn verschiedene, wo ich alle nur etwas anreißen kann. Aber dazu hat sicherlich jeder eine andere Meinung.

Die Stunden von Caroline waren sehr gut durchstrukturiert. Jeder Schritt war geplant und vor allem die Mühe, die sie in ihre Arbeitsmaterialen gesteckt hat, war eindrucksvoll und wurde auch bei den Schülern durch ein besseres Verständnis des Sachverhaltes honoriert. In der ersten Stunde war es sehr schade, dass sie, sicherlich der Aufregung geschuldet und dem Fakt, dass sie nach Tilo's Zeitmanagment etwas berechtigte Angst hatte, nicht mehr pünktlich anfangen zu können, ihren Einstieg sehr knapp und kurz abhandelte. Dabei steckte genau in ihrem Einstieg und der Folie, die sie dazu vorbereitet hatte, sehr viel Potenzial und die letztliche Motivation und Zielorientierung der Stunde. Sehr positiv waren ihre klaren und einfachen Arbeitsanweisungen. Die Schüler wussten genau, woran sie sind und arbeiteten so gut mit. Auch die eine oder andere Frage brachte sie nicht völlig aus dem Konzept, wenn doch jeder erst einmal überlegen muss, wie man diese nun geschickt, richtig und schnell beantwortet. Sie hat diese Herausforderungen gut gemeistert. Weniger gut hat mir in der zweiten Stunde gefallen, dass sie ihren Plan nicht geschafft hat, obwohl er meiner Meinung nach nicht zu voll war. Ich denke, sie könnte noch ein etwas strafferes Arbeitstempo fordern und vorgeben, ohne dass große Verluste im Verständnis aufträten. Als Lehrerpersönlichkeit hat sie mir sehr gut gefallen. Ich hoffe, dass sich die kleine Portion Selbstbewusstsein noch entwickelt und sie weiß, dass sie der „Chef" ist. Sehr positiv aufgefallen ist außerdem ihr Tafelbild. Dies war sehr strukturiert, gut leserlich und bunt gestaltet. Eventuell könnte man es noch einen Tick kleiner schreiben, dass sie genug Platz an der Tafel hat, wenn es einmal mehr wird. Aufgefallen ist mir noch das auch Caroline sich einige Potenziale verschenkt hat, dadurch das sie die Antwort vorgegeben hat, obwohl genügend Zeit war. Extrem viel dies bei der Tabelle mit den Aggregatzuständen bei Zimmertemperatur auf, diese einfache Übung nahm sie einfach vorweg in dem sie es direkt aufdeckte, was sehr schade war. Davon gab es noch ein paar andere Passagen in ihrer zweiten Unterrichtseinheit. Ansonsten ist wirklich die meist klare Strukturierung das Plus der Stunde gewesen und die vielen Methodenwechsel die sie eingefügt hat.

Marcels Stunden waren geprägt durch sein ruhiges souveränes Auftreten. Er hatte ein gutes Zeitmanagement. Er brauchte es auch, da er ein Schülerexperiment mit in seinen Unterricht eingebunden hatte. An der Stelle des Schülerexperimentes merkte man es ihm leicht an, dass er etwas überfordert schien, aber nicht so, dass es für die Schüler deutlich gewesen wäre. Das praktische Arbeiten war gut. Damit hat er die Spannung aus seiner Stunde genommen und die Schüler wieder motiviert und zur Konzentration bewegt. In der zweiten Stunde handelte es sich um die Systematisierung. Beim Vergleich des Treibhauseffektes fand ich es persönlich schade, dass er einen Schüler nach vorn holt, damit er seine Variante vorstellt, dann aber nach dem ersten Anstrich mit ihm das Gesamte - wie in der Lösungsfolie vorgegeben - erarbeitet hat. Ich denke, dass hätte man sich vorher überlegen sollen und dann in seiner Aufgabenstellung klar deutlich machen. Es ist schließlich ein großer Unterschied, ob man seine selbstgemachten Erkenntnisse präsentiert oder etwas für alle erarbeitet. Hier kann es natürlich sein, dass ich da meine Idealvorstellung habe, da ich mir dieses Arbeitsblatt ja ausgedacht habe. Ansonsten hatte er sehr gute Ansätze in der Systematisierungsstunde, die leider etwas verpufften. Durch den langen Vergleich des Schemas, der eben eventuell weggefallen wäre, wenn man nur einen Schüler seine Lösung vorstellen lassen und danach die Lösungsfolie aufgelegt und diese noch einmal kurz erläutert hätte, war die Zeit etwas knapp für die vielen Stationen, die er geplant hatte, um die Klassenarbeit noch einmal vorzubereiten. Die kurze Zusammenfassung, die er den Schülern gab, war sehr gut und auch ein deutlicher Hinweis noch einmal, was genau in der Klassenarbeit abgefragt werden würde. Danach hätte man eventuell situativ den Plan umstellen müssen und vielleicht die offene Unterrichtsweise wieder zum Lehrer zurückholen müssen. Zumal in den ersten 45 min das Schülerexperiment stattfand, wo die Schüler selbstständig arbeiteten. Leider schaffte er es auch nicht, ein konzentriertes ruhiges Arbeiten in die Klasse zu bringen, da er sich immer nur mit einzelnen Schülern beschäftigt hat und so das Übungsangebot schlecht bis gar nicht genutzt wurde. Ein weiterer Fehler war dann wohl die Kontrolle der Aufgaben, angefangen in den letzten fünf Minuten der Stunde, die er dann auch in der Pause fortsetzte. Die Schüler hörten zum einen nicht zu, zum anderen war das Tempo für die Aufgabenfülle viel zu schnell und die Folie war zu klein geschrieben, so dass man, wenn man zuhören wollte, Probleme hatte, überhaupt die Lösung zu erkennen. Ich denke, an dieser Stelle wäre es sinnvoll gewesen, diese Aufgaben oder ausgewählte im Klassenplenum zu bearbeiten. Sicherlich hätten sich dann wieder Schüler ausgeklinkt. Trotzdem wäre es sicher effektiver gewesen als so. Er hat versucht, das Beste aus der Stunde zu machen und das Ergebnis der Klassenarbeit zeigt ja auch, dass die Bemühungen nicht gänzlich umsonst waren. Darüberhinaus hat Marcel oft zu Tafel hin geredet was den Unterricht nicht nur etwas unpersönlich gestaltet, sondern auch Verständigungsprobleme mit sich bringen kann. Auch entstanden manchmal Pausen wo nicht klar erkennbar war wie und ob es nun weitergeht, was eine gewisse Vorlage ist für Unterrichtsstörungen. Für mich völlig unverständlich und unnötig da sonst Marcel eine gute und präsente Lehrerpersönlichkeit aufweist.

Zusammenfassend, aus diesen ganzen Ergebnissen ziehe ich also durchaus eine positive Bilanz. Es hat zumindest mir geholfen, mich weiter zu entwickeln. Ich habe gelernt zu erkennen, dass die Aufstellung eines Stoffverteilungsplanens nicht mit zu viel Optimismus gemacht werden und die nächste Stunde immer schon im Kopf fertig sein sollte, damit man bei zu viel Zeit einfach im Stoff weiter gehen kann. Auf der anderen Seite sollte man aber auch wissen, an welcher Stelle man kürzen kann bzw. den Unterricht vorzeitig beenden. So das die Stunde einen runden Abschluss bekommt, auch wenn nicht alles nach Plan läuft. Was mir mehr beim Beleg schreiben als bei der schulpraktischen Übung aufgefallen ist, ist die Tatsache dass vielmehr Wert in das Finden und Begründen von Alternativen gesteckt wird, als in die Begründung der gesamten durchgeführten Unterrichtsstunde. Ich denke es ist gut und wichtig sich über Alternativen Gedanken zu machen, aber man sollte über dem Ganzen „was wäre wenn", sein eigentliches Ziel nicht aus den Augen verlieren. Für mich ist es wichtiger was ich rüber gebracht habe, als was ich alles hätte rüber bringen können.

Nichtsdestotrotz wurde ich wieder einmal in meiner Studienwahl bestätigt und habe mich über die positiven, praktischen Erfahrungen sehr gefreut.